Sitzungsberichte
der Akademie der Wissenschaften
der DDR
Mathematik—Naturwissenschaften—Technik

Jahrgang 1982 · Nr. 23/N

B. Philipp/M. Rätzsch

Neue Ergebnisse der Polymerforschung

AKADEMIE-VERLAG · BERLIN
1982

Vortrag und Originalmitteilung aus der
Sitzung der Klasse Chemie am 17. 9. 1981

Herausgegeben im Auftrage
des Präsidenten der Akademie
der Wissenschaften der DDR
von Vizepräsident Prof. Dr. Heinrich Scheel

ISSN 0138–3956
Erschienen im Akademie-Verlag, DDR-1086 Berlin, Leipziger Str. 3–4

Lizenznummer: 202 · 100/52/83
Gesamtherstellung: VEB Druckhaus Köthen
Bestellnummer: 763 183 8 (2010/82/23/N) · LSV 1275
Printed in GDR
DDR 3,50 M

Inhalt

Burkart Philipp, Karl-Joachim Linow und Herbert Dautzenberg

Polyelektrolytkomplexe — Herstellungsweise, Struktur und Anwendungsmöglichkeiten

1. Einleitung

Die Wechselwirkung zwischen entgegengesetzt geladenen Polyelektrolyten ist seit langem bekannt und wird seit vielen Jahrzehnten z. B. zur gegenseitigen Fällung von Eiweißkörpern empirisch genutzt. Bereits Ausgang des vorigen Jahrhunderts wies Kossel [1] auf die elektrostatische Natur der in Polyelektrolytkomplexen („PEL-Komplexen“) auftretenden Bindungen hin, und Willstätter prägte 1923 den Begriff „Symplexe“ für solche aus wäßrigen Komponentenlösungen ausgefällten PEL-Komplexe. Eine systematische Bearbeitung begann Ausgang der 50er Jahre zunächst durch Michaels [2], der als erster den stöchiometrischen, salzanalogen Charakter solcher Symplexfällungen erkannte (Abb. 1). Er setzte dabei als Komponenten vor allem Vinylhomopolymere definierter Struktur ein, die dank der Fortschritte der Polymersynthesechemie in den 40er und 50er Jahren

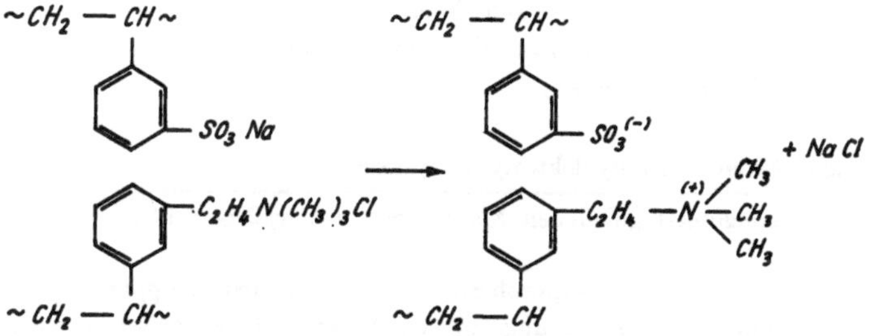

Abb. 1 Prinzip der Symplexbildung, dargestellt am Beispiel Na-Polystyrensulfonat/Polyvinyltrimethyläthylbenzenammoniumchlorid

zum damaligen Zeitpunkt verfügbar waren und neben den in den 50er Jahren vor allem durch Katchalsky gewonnenen Erkenntnissen zur Physikochemie von Polyelektrolytlösungen eine entscheidende Voraussetzung für die systematische Bearbeitung von Bildungsweise und Struktur der Symplexe darstellten. Wesentliche Fortschritte wurden in den folgenden 20 Jahren vor allem durch Arbeiten von Kabanov, Zezin, Nakajima und Tsuchida erzielt, wobei seit Anfang der 70er Jahre in zunehmendem Maße polymere Naturstoffe (Polysaccharide, Proteine, Nucleinsäuren) bzw. deren ionische Derivate steigendes Interesse als Symplexkomponenten finden. Dies schlägt sich auch in einer zunehmend stärkeren Betonung medizinisch-biologischer Aspekte in der Applikationsforschung über PEL-Komplexe nieder.

Ein umfassender und vollständiger Überblick über das heute über 1000 Publikationen und mehrere 100 Patente umfassende Gebiet der Polyelektrolytkomplexe ist im Rahmen dieses Beitrags verständlicherweise nicht möglich. Es soll daher nach einigen grundsätzlichen Bemerkungen zu den Bildungsmöglichkeiten von PEL-Komplexen und den hier relevanten Stoffsystemen zunächst auf ausgewählte Experimentalergebnisse zur Bildung von Symplexfällungen und deren Interpretation im Hinblick auf Bildungsweise und Struktur solcher Fällungen eingegangen werden, um dann etwas ausführlicher derzeit laufende eigene Arbeiten zur Gewinnung makroskopisch löslicher Symplexe zu behandeln und abschließend einen Überblick über einige bereits realisierte oder vorgeschlagene Einsatzmöglichkeiten von Symplexen zu geben.

2. Bildungsmöglichkeiten und stoffliche Basis für PEL-Komplexe

Wie Tab. 1 unter Angabe von Beispielen veranschaulicht, werden PEL-Komplexe als wasserunlösliche Fällungen nicht nur zwischen entgegengesetzt geladenen Makroionen gebildet, sondern können auch durch zwischenmolekulare Wechselwirkungen nicht-elektrostatischer Natur beim Zusammengeben der Lösungen eines Polyelektrolyten und eines ungeladenen Polymers entstehen. Außerdem sei auf die z. B. in der Papierindustrie oder in der Wasserwirtschaft wichtige Möglichkeit hingewiesen, einen gelösten PEL mit einer entgegengesetzt geladenen Festkörperoberfläche zur Reaktion zu bringen.

Tabelle 1 Verschiedene Arten von Polyelektrolytkomplexen

Komplex aus zwei entgegengesetzt geladenen Makroionen aus wäßriger Lösung („Polysalz“, „Symplex“)
Komplex zwischen Makroion und Festkörperoberfläche mit ionischen Gruppen
Komplex zwischen Makroion und einem ungeladenen Polymer bzw. zwischen gleichartigen geladenen PEL
— H-Brückenkomplex (z. B. zwischen Polyacrylsäure und Polyvinylalkohol)
— Stereo-Komplex (z. B. zwischen isotaktischer und syndiotaktischer Polyacrylsäure)
— Hydrophob-Komplex (z. B. zwischen Poly-4-vinylpyridin und Serumalbumin)

Im folgenden Beitrag soll ausschließlich auf die Wechselwirkungsprodukte zwischen zwei gelösten entgegengesetzt geladenen PEL eingegangen werden, für die im folgenden die Bezeichnung „Symplex“ benutzt wird. Solche Symplexfällungen werden als wasserunlösliche, aber hochgequollene Niederschläge erhalten, die nach dem Trocknen weißliche bis bräunliche, spröde oder hornartig zähe Produkte bilden. Die wesentlichen Möglichkeiten zur Herstellung solcher Fällungen sind in Tab. 2 schematisch dargestellt. Unter speziellen Reaktionsbedingungen läßt sich diese Wechselwirkung zwischen entgegengesetzt geladenen PEL so durchführen, daß makroskopisch homogene, optisch klare Systeme über längere Zeit erhalten bleiben, wobei auf diese „löslichen Symplexe" später im Zusammenhang mit eigenen Arbeiten eingegangen wird.

Im Laufe der etwa 25jährigen Bearbeitung des Gebietes wurden bereits sehr viele verschiedene Polymere als Symplexkomponenten eingesetzt, so daß Tab. 3 nur eine Auswahl der am häufigsten verwendeten bzw. für Erkenntnisfortschritte besonders relevanten Polymerkomponenten geben kann. Bei den aufgeführten Polymeren handelt es sich sowohl um solche vom „Integraltyp", bei denen das ionische Ladungszentrum direkt in die Polymerkette eingebaut ist, als auch um solche vom sog. „pendant Typ", bei denen das ionische Ladungszentrum an einer Seitenkette lokalisiert ist. Symplexe lassen sich sowohl mit PEL hoher Säure- bzw. Basenstärke („starke" PEL), als auch mit solchen niedriger Säure- oder Basenstärke („schwache PEL") erhalten. Neben den bis heute eindeutig überwiegenden

Tabelle 2 Bildungsmöglichkeiten für Symplexe

Umsetzung zwischen anionischen und kationischen PEL als Alkali- bzw. Halogensalz
Umsetzung zwischen freier Polysäure und freier Polybase
Umsetzung zwischen Polyampholyten bzw. Polyampholyt und anionischen bzw. kationischen PEL
Matrizenpolymerisation eines ionischen Monomers an einem entgegengesetzt geladenen Polyion

Tabelle 3 Häufig eingesetzte PEL-Komponenten für die Symplexbildung

Anionische PEL	Kationische PEL	Polyampholyte
Polystyrolsulfosäure	Polyvinyl-trimethylbenzyl-ammoniumchlorid	verschiedene Proteine, wie Gelatine oder Collagen
Polyvinylsulfosäure	Polydimethyldiallyl-ammoniumchlorid (PDMDAAC)	Copolymere von
Polycarbonsäuren mit C-Kette, z. B. Polyacrylsäure	Polyethylenimin (PEI)	
Polyvinylalkoholsulfat	„Ionene" der Struktur	
Carboxymethylcellulose	$\sim(CH_2)_n{-}\overset{Cl}{N}(CH_3)_2{-}(CH_2)_m{-}\overset{Cl}{N}(CH_3)_2{'}$	
Caboxymethylstärke bzw. -dextran	Aminoester der Acrylsäure, auch im quaternisierten Zustand	
Cellulose- und Stärkesulfat	Chitosan	
Poly-L-glutaminsäure	Poly-L-lysin	
Polyphosphorsäure (als Na-Salz)	Poly-L-arginin	

organischen Polymeren wurden auch anorganische PEL, vor allem Polyphosphate und Polysilicate zur Symplexbildung herangezogen.

3. Zusammenfassung einiger Experimentalergebnisse und ihrer Deutung zur Bildung und Struktur von Symplexfällungen

Im Mittelpunkt bisheriger Untersuchungen verschiedener Forschergruppen stand die Frage nach der Stöchiometrie der Fällungen in Abhängigkeit von den Komponenten und den Herstellungsbedingungen, während die Frage der Wasserbindung mit der physikalisch-morphologischen Struktur der Fällungen bisher verhältnismäßig wenig Aufmerksamkeit fand. Als Arbeitsmethoden wurden zumeist Nephelometrie bzw. Turbidimetrie, Konduktometrie und Potentiometrie, in begrenztem Umfang auch die chemisch-analytische Charakterisierung der Fällungen herangezogen.

Tabelle 4 Zur Symplexbildung herangezogene PEL-Komponenten (eigene Arbeiten)

Na-carboxyethylcellulose	„CEC“	DS 0,2 ... 0,5
Na-carboxymethylcellulose	„CMC“	DS 0,5 ... 1,8 (DS 1,0, falls nicht anders vermerkt)
Na-cellulosesulfat	„CS“	DS ~0,5
Copolymere aus Acrylamid und Acrylsäure unterschiedlicher Ladungsdichte (anionisch modifiziertes PAA)		
Alternierende Copolymere aus Maleinsäureanhydrid und α-Methylstyren bzw. Propylen (Anhydridring zu Carboxylgruppen aufgespalten)		
Polyacrylsäure; Polyitaconsäure		
Na-polyphosphat		DP~700
Poly-dimethyldiallylammoniumchlorid	„Poly-DMDAAC“	M ~40 000
Polyethylenimin	„PEI“	stark verzweigte Produkte
Poly(aminoalkylacrylat), quaternisiert	„PAAE“	
Copolymere von Acrylamid und quaternisiertem Aminoalkylacrylat mit unterschiedlicher Ladungsdichte („kationisch modifizierte PAA“)		

Als Ausgangskomponenten für unsere eigenen Arbeiten dienten vor allem die in Tab. 4 aufgeführten PEL. Zumeist wurden 0,01 grundmolare Lösungen des Polyanions vorgelegt und dann mit einer ca. 0,1 grundmolaren Lösung des polymeren Kations versetzt. Die ausgewaschenen Fällungen wurden hinsichtlich ihrer chemischen Zusammensetzung, ihrer Wasseraufnahme und ihrer physikalischen Struktur charakterisiert. Unter Berücksichtigung experimenteller Unsicherheiten und Schwankungen bei der Aufarbeitung der oft schwer handhabbaren Symplexfällungen wurde als Kriterium für eine 1:1-Stöchiometrie ein Molverhältnis kationischer zu anionischen Gruppen im Bereich zwischen 0,9 und 1,1 angesehen.

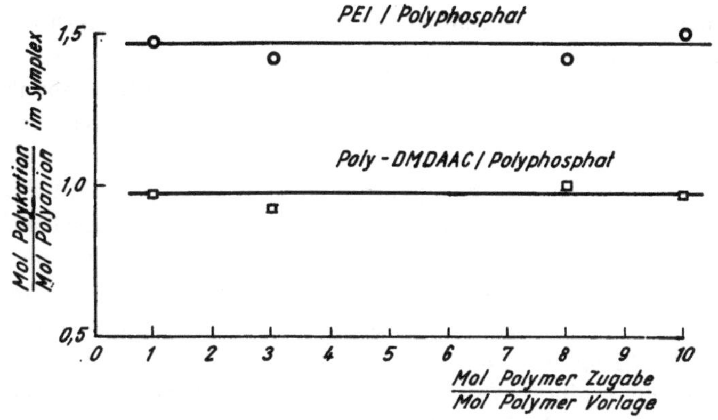

Abb. 2 Einfluß des zur Symplexbildung eingesetzten Verhältnisses kationischer zu anionischer Gruppen auf die Zusammensetzung der Fällung

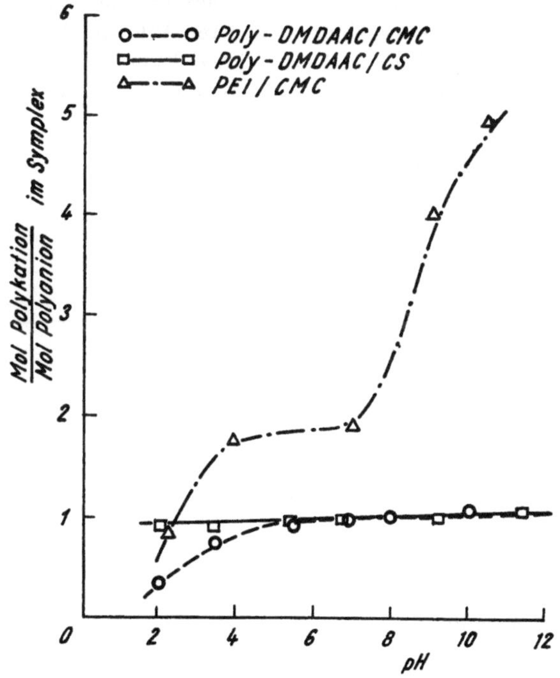

Abb. 3 pH-Abhängigkeit der Zusammensetzung einiger Symplexfällungen

Mit Poly-DMDAAC als Polykation wurden mit einer Reihe unterschiedlich aufgebauter Polyanionen vom Integraltyp wie vom Pendant-Typ 1:1-Symplexe erhalten, wenn während der Zugabe des kationischen PEL der Äquivalenzpunkt durchlaufen wurde, wobei ein weiterer Überschuß des Polykations die Zusammensetzung nicht veränderte. Mit dem „starken" PEL Cellulosesulfat erhielten wir auch bei Unterschuß der kationischen Komponente einen 1:1-Symplex. Mit PEI als kationischer Komponente lag in dem hier betrachteten neutralen Fällungsbereich (pH 6,5 bis 7,5) das Äquivalenzverhältnis kationischer zu anionischen Gruppen in der Fällung generell höher (1,5 bis 2), was wir mit der starken Verzweigung des PEI und einer dadurch bedingten verringerten Zugänglichkeit kationischer Ladungszentren für die Symplexbildung in Zusammenhang bringen. Abb. 2 veranschaulicht dieses unterschiedliche Verhalten von Poly-DMDAAC und PEI anhand der Symplexbildung mit Polyphosphat.

Ein Einfluß des Fällungs-pH-Wertes auf die Symplexzusammensetzung ist gering, wenn beide Komponenten „starke" PEL sind. Bei PEL mit geringer Säure- bzw. Basenstärke der ionischen Gruppen führt ein von 7 abweichender Fällungs-pH-Wert zu erheblichen Änderungen in der Symplexzusammensetzung, indem undissoziierte Säure- oder Basegruppen nicht mehr zur Symplexbildung zur Verfügung stehen (Abb. 3).

Untersuchungen zum Ladungsdichteeinfluß auf die Symplexzusammensetzung zeigten zunächst in Übereinstimmung mit Ergebnissen anderer Autoren [3], daß auch bei sehr unterschiedlicher Rückgratkette und erheblichen Unterschieden im Abstand zwischen zwei ionischen Ladungszentren längs der Kette 1:1-Symplexe

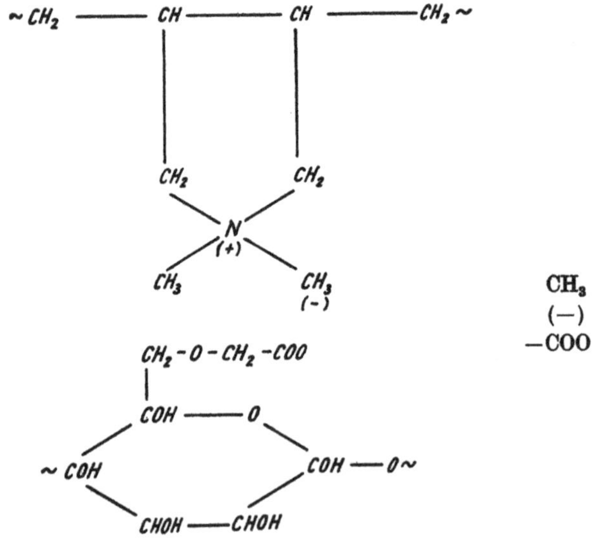

Abb. 4 Formelschema für einen Symplex aus CMC und Poly-DMDAAC

gebildet werden können. Beispiele hierfür sind unsere Ergebnisse zur Symplexbilung zwischen Poly-DMDAAC und einer Serie von Carboxymethylcellulosen (Na-Salz) mit Substitutionsgraden zwischen 0,5 und 1,8 bzw. Na-carboxyethylcellulose mit Substitutionsgraden zwischen 0,2 und 0,6 (vgl. Formelbild Abb. 4).

Systematische Untersuchungen zum Ladungsdichteeinfluß wurden von uns vor allem unter Verwendung einer Serie kationisch modifizierter Polyacrylamide (Copolymere aus Acrylamid und einem quaternisierten Aminoalkylacrylat) mit verschiedenartigen Polyanionen vorgenommen [4]. Mit Na-carboxymethylcellulose vom Substitutionsgrad 1,0, also einem Polymer vom Pendant-Typ wurde dabei kein Ladungsdichteeinfluß gefunden, während mit Polyphosphat als einem Polymer hoher Ladungsdichte vom Integraltyp eine starke Änderung der Symplexstöchiometrie in Abhängigkeit von der kationischen Ladungsdichte festzustellen war (Abb. 5).

Daß neben der mittleren Ladungsdichte auch die Säure- bzw. Basenstärke der ionischen Gruppen und deren Zugänglichkeit für eine Wechselwirkung mit dem entgegengesetzt geladenen Polymer eine wesentliche Rolle für die Symplexstöchiometrie spielen können, zeigen unsere Ergebnisse mit verschiedenen Polycarboxylverbindungen, die auszugsweise in Tab. 5 zusammengefaßt sind [5]. In allen Fällen liegt das Molverhältnis von kationischen zu anionischen Gruppen im Symplex unterhalb von 1, wenn man den „theoretischen“ Carboxylgruppengehalt zugrunde legt, in Übereinstimmung mit Ergebnissen anderer Autoren an Polymethacrylsäure [6]. Bei den Maleinsäurecopolymeren und der Polyitaconsäure weist offensichtlich nur eine der beiden in dieser Monomereinheit vorhandenen Carboxylgruppen eine zur Symplexbildung ausreichende Acidität auf, in Übereinstimmung

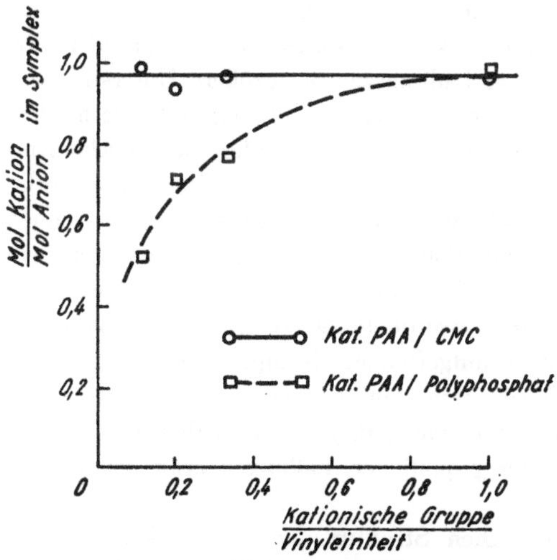

Abb. 5 Einfluß der Ladungsdichte kationisch modifizierter Polyacrylamide auf die Zusammensetzung von Symplexen mit CMC bzw. mit Polyphosphat

Tabelle 5 Stöchiometrie von Symplexen mit Polycarboxylverbindungen (pH = 7)

Polykation	Molverhältnis kationische : anionische Gruppen							
	Polyacrylsäure		MSA-Copolymer		Polyitaconsäure		CMC	
	a	b	a	b	a	b	a	b
Poly-DMDAAC	0,52	0,62	0,51	1,13	0,30	0,65	0,98	1,02
quat. Aminoalkylacrylat	0,44	0,53	0,54	1,17	0,28	0,63	0,97	–
kationisch modifiziertes Poly-Acrylamid (niedrige Ladungsdichte)	0,24	0,29	0,41	0,91	0,25	0,55	0,97	–

a = Berechnung auf Basis des „theoretischen" Carboxylgehaltes
b = Berechnung auf Basis des titrierbaren Carboxylgehaltes

mit potentiometrischen Titrationsergebnisssen [7]. Legt man der Berechnung nur diese eine titrierbare Carboxylgruppe je Monomereinheit zugrunde, ergibt sich für das Maleinsäurecopolymer mit befriedigender Näherung ein 1:1-Symplex, während im Falle der Itaconsäure offenbar aus sterischen Gründen auch diese eine Carboxylgruppe nur partiell zur Symplexbildung befähigt ist.

Insgesamt kann aus unseren Untersuchungen zum Ladungsdichteeinfluß auf die Symplexstöchiometrie gefolgert werden, daß Abweichungen von einer 1:1-Stöchiometrie bevorzugt dann auftreten, wenn infolge sehr starrer Festlegung der Ladungszentren in der Kette (PEL vom Integraltyp) oder infolge sterisch bedingter schlechter Zugänglichkeit einzelner ionischer Gruppen ein vollständiger und gleichmäßiger Umsatz bei der Ionenreaktion behindert wird, während bei frei beweglichen und zugänglichen ionischen Ladungszentren größere Unterschiede in der Ladungsdichte der Komponente eine 1:1-Symplexbildung nicht verhindern.

Obwohl für den Einsatz von Symplexen deren Hydrophilie eine entscheidende Gebrauchseigenschaft darstellt, und die primär erhaltenen Fällungen eigentlich keine Zweikomponentensysteme aus Polyanion und Polykation, sondern vielmehr Dreikomponentensysteme aus Polyanion, Polykation und Wasser darstellen, wurden zur Wasserbildung in Symplexen bisher kaum systematische Ergebnisse bekannt. Eigene Untersuchungen [8] zur Wasserquellung (Wasserrückhaltevermögen [9], „WRV") an den aus in Tab. 4 aufgeführten Komponenten hergestellten Symplexen lassen sich in ihren Ergebnissen dahingehend zusammenfassen, daß

- die Quellung weitgehend reversibel verläuft, d. h. die initialfeuchten und die nach Trocknen an der Luft wieder gequollenen Fällungen etwa den gleichen WRV-Wert aufweisen;
- ein deutlicher Einfluß der chemischen Struktur der Symplexkomponenten, aber auch im Falle schwacher PEL des Fällungs-pH-Wertes vorhanden ist (Abb. 6);

— mit sinkender Ladungsdichte zumindest bei den hier untersuchten Systemen (Tab. 6) der WRV-Wert zunimmt, indem offenbar ein größerer Abstand zwischen ionischen Vernetzungspunkten eine stärkere Aufweitung des gequollenen Kettennetzes des Symplexes durch Wasser ermöglicht.

Offen bleiben muß zur Zeit noch, ob das unterschiedliche Niveau der WRV-Werte bei aus neutralem Medium gefällten CMC- und Cellulosesulfat-Symplexen in erster Linie auf molekulare (Wasserbindung an den ionischen Gruppen) oder auf morphologische Ursachen zurückzuführen ist, da entsprechende SEM-Aufnahmen (Abb. 7a und b) an Bruchflächen getrockneter Symplexfilme auf erhebliche Unterschiede in der Morphologie hindeuten (dichte fibrilläre Struktur im

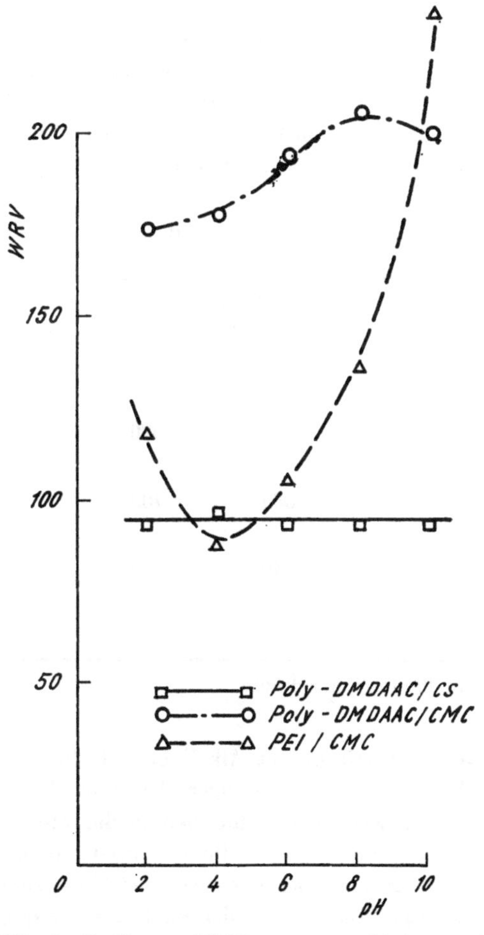

Abb. 6 Quellwert (WRV) von verschiedenen Symplexen in Abhängigkeit vom Fällungs-pH-Wert

Falle des Cellulosesulfates, stark poröse Struktur im Falle der Carboxymethylcellulose).

Aus den Arbeiten verschiedener Autoren, insbesondere von MICHAELS, KABANOV, NAKAJIMA und TSUCHIDA, sowie aus unseren eigenen Ergebnissen lassen sich zur Bildungsweise und Struktur von Symplexfällungen heute folgende Schlüsse ableiten:

— Obwohl bei der Symplexbildung elektrostatische Bindungen zwischen den beiden entgegengesetzt geladenen Komponenten im Vordergrund stehen, sind — insbesondere bei Beteiligung schwacher Polyelektrolyte — zwischenmolekulare Wechselwirkungskräfte, vor allem die Bildung von Wasserstoffbrücken, keinesfalls zu vernachlässigen, was eine modellmäßige Erfassung der Bindungsverhältnisse in solchen Fällungen erheblich erschwert.

— Die Säure- bzw. Basestärke der Komponenten kann den Vorgang der Symplexbildung erheblich beeinflussen und wurde daher von KABANOV [10] als Basis einer Systematisierung der Reaktionsabläufe herangezogen. Hiernach erfolgt mit zwei starken Polyelektrolyten eine mäßig rasche, vollständige und vom Fällungs-pH-Wert weitgehend unabhängige Ionenreaktion zum stöchiometrischen Polysalz,

Tabelle 6 Einfluß von Komponentenstruktur und Ladungsdichte auf den WRV-Wert von Symplexen

	WRV in % mit		
kationische Komponente	Cellulosesulfat	Na-CMC	anionisch modifiziertes PAA*)
Homopolymer eines quaternisierten Aminoalkylacrylats („QAAE")	151	200	390
Copolymer des Acrylamids mit 33 Mol-% QAAE	227	360	700
Copolymer des Acrylamids mit 20 Mol-% QAAE	289	440	750
Copolymer des Acrylamids mit 11 Mol-% QAAE	410	593	1 000

*) Copolymer aus 80 Mol-% Acrylamid und 20 Mol-% Acrylsäure

wenn beide Komponenten vorher in der Salzform mit Alkali- bzw. Halogenidionen als Gegenion vorlagen. Beim Vermischen von Lösungen der freien Säure und freien Base erfolgt im Gegensatz zur weitgehend athermen mäßig raschen Umsetzung der Salze eine sehr rasche exotherme, aber in ihrem Umsatz unvollständige Gelfällung, die dann einer nachträglichen langsamen weiteren Umsetzung unter molekularen Umlagerungen unterliegt. Als Ursache der raschen Gelfällung wird das Wegfallen der „Bremswirkung" der niedermolekularen Gegenionen bei der Symplexbildung angesehen. Im Falle schwacher PEL muß nach KABANOV mit

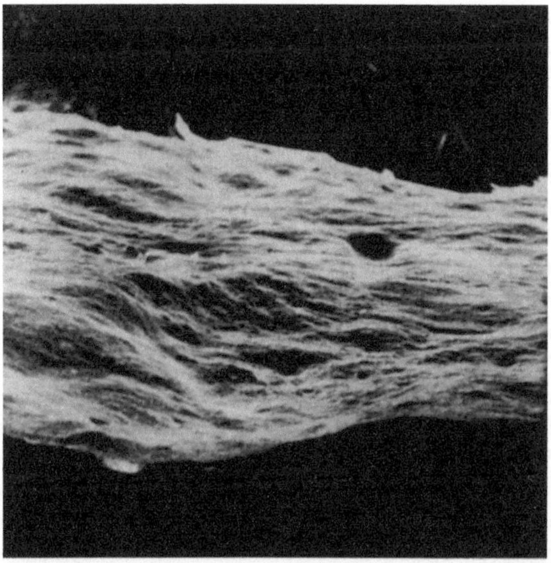

Abb. 7 SEM-Aufnahmen der Bruchflächen lufttrockener Symplexfällungen
a) Poly-DMDAAC/Cellulosesulfat

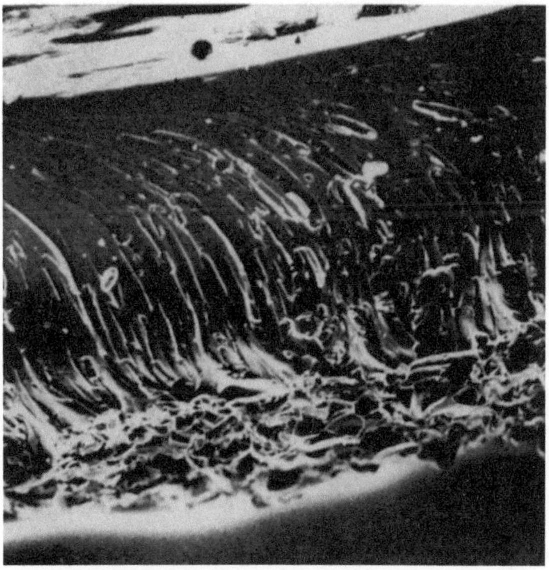

b) Poly-DMDAAC/CMC

einer unvollständigen Umsetzung, d. h. von der 1:1-Stöchiometrie abweichenden Symplexzusamensetzung gerechnet werden, und es tritt ein starker Einfluß des Fällungs-pH-Wertes auf. Bei niedriger Ladungsdichte der Komponenten kann hier anstelle der Symplexfällung unter Umständen nur eine Koazervation, d. h. eine Trennung in zwei flüssige Phasen eintreten.

— Neben dem energetischen Aspekt der Säure- bzw. Basestärke sind geometrische Aspekte der Molekülform der Komponenten, die die Verfügbarkeit ionischer Ladungszentren für die Symplexbildung beeinträchtigen können, bei einer Diskussion der Symplexzusammensetzung in Abhängigkeit von den Bildungsbedingungen keineswegs zu vernachlässigen, wie z.B. ein Vergleich unserer mit dem linearen Poly-DMDAAC und dem verzweigten PEI erhaltenen Ergebnisse oder die Untersuchungen an verschiedenen Polycarbonsäuren zeigen.

— Eine quantitative Beschreibung der Bindungsverhältnisse und der Bindungsstärke in Symplexfällungen steht noch ganz am Anfang. Erste thermodynamische Ansätze [11] gehen von kalorimetrischen Messungen des Reaktionsablaufs in verschiedenen Medien und von den Dissoziationskonstanten der ionischen Gruppen aus. Als problematisch erweist sich vor allem die Gewinnung von Aussagen zur Entropieänderung der entgegengesetzt geladenen Polymerketten bei der Symplexbildung.

— Als Modellvorstellung für die übermolekulare Ordnung in Symplexfällungen wurde bis vor wenigen Jahren generell das von Michaels entwickelte „Rühreimodell“ (scrambled egg model) mit einem statistischen Ladungsausgleich zwischen den Polymerketten über größere Bereiche zugrunde gelegt, während das Modell eines Leiterpolymers mit definierten ionischen Verknüpfungspunkten abgelehnt

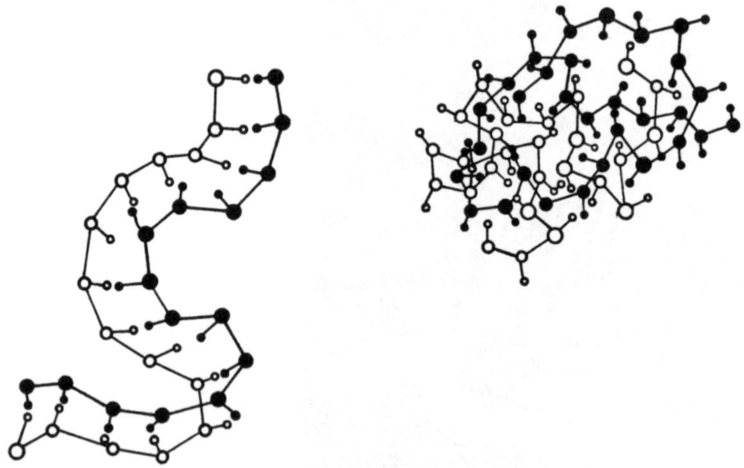

Abb. 8 Modellvorstellungen zur Struktur von Symplexen
rechts: „Rührei“-Modell
links: Leitermodell

wurde (Abb. 8). Einige in letzter Zeit durchgeführte Röntgenweitwinkeluntersuchungen sprechen jedoch gegen eine völlig „chaotische“ Anordnung der Polymerketten und für das Auftreten gewisser Ordnungszustände in Symplexen, die offenbar vor allem durch Einsatz isotaktischer Polymere begünstigt werden. Nach Auffassung der Autoren sollte man daher „Rühreimodell“ und „Leitermodell“ eher als idealisierte Grenzfälle denn als einander ausschließende Modellvorstellungen betrachten, wobei die Realstruktur des Symplexes sicher in den meisten Fällen dem „Rühreimodell“ näher kommt als dem „Leitermodell“.

— Die Arbeiten zur für die Applikation von Symplexen relevanten Morphologie der Fällungen befinden sich z. Z. noch im Stadium des „Faktensammelns“; Zusammenhänge zwischen Morphologie und Bildungsbedingungen von Symplexen stehen noch weitgehend aus.

4. Einige Ergebnisse zur Bildung „löslicher Symplexe“

Makroskopisch homogene Polyanion/Polykation-Systeme können einmal durch Auflösen von Symplexfällungen in speziellen Medien, z. B. wäßrigen Lösungen von NaOH oder HCl oder konzentrierten Lösungen bestimmter niedermolekularer Salze erhalten werden, zum anderen aber auch bei der unvollständigen Umsetzung zwischen zwei entgegengesetzt geladenen PEL in neutralem wäßrigen Medium entstehen [12]. Nur dieser letztgenannte Fall soll hier behandelt werden. Nach Kabanov [13] lassen sich solche „löslichen Symplexe“ sowohl mit Komponenten vom „Integraltyp“ als auch vom „pendant“-Typ gewinnen, wenn zu einem vorgelegten sehr hochmolekularen PEL eine in der relativen Molmasse wesentlich niedriger liegende entgegengesetzt geladene Zweitkomponente ($M_1 \geq 3\,M_2$) im Unterschuß (Umsetzungsgrad $\leq 50\%$) gegeben wird. Das vorgelegte Polymer mit der Molmasse M_1 soll dabei eine Art Segmentpolymer mit der anderen Komponente bilden, indem diese nur bestimmte Abschnitte der Ketten mit $M = M_2$ in einen PEL-Komplex überführt.

Eigene Untersuchungen wurden bisher mit verschiedenen der in Tab. 4 aufgeführten Polymere durchgeführt. Mit allen untersuchten PEL-Kombinationen ließen sich bei ausreichender Verdünnung der Komponentenlösungen optisch klare „Symplexlösungen“ erhalten, wenn der Umsatzgrad einen zur Trübung bzw. Flockung führenden meist unter 50% liegenden kritischen Wert nicht überschritt. Dieser kritische Umsatzgrad war bei konstant gehaltener PEL-Konzentration für die einzelnen Kombinationen unterschiedlich hoch und nahm bei einer vorgegebenen Kombination mit der Verdünnung zu. Nach längerem Stehenlassen der Symplexlösungen trat in vielen Fällen eine spontane Trübung oder Flockung auf.

Bei den zur Zeit laufenden systematischen Versuchsreihen arbeiten wir mit PEL-Konzentrationen von etwa 10^{-3} Grundmol/l bei 20 °C und pH 7, wobei das Polykation vorgelegt wird und dann das Polyanion bis zu Umsätzen zwischen 20 und

50% zugesetzt wird. Zur Untersuchung der Systeme dienten Sedimentation und Streulichtmessungen sowie die Viskosimetrie.

Aufgrund einer ausgesprochen „weichen“ gegenseitigen Fällbarkeit bei höherer Konzentration wählten wir für erste systematische Untersuchungen das System
„Acrylamidcopolymer mit 20 Mol-% Acrylsäure/Acrylamidcopolymer mit 20 Mol-% quaternisierten Aminoalkylacrylat“
mit relativen Molmassen von $2{,}5 \cdot 10^6$ für das Polyanion und $3{,}2 \cdot 10^6$ für das Polykation. Bis zu Umsätzen von etwa 30% konnten lösliche Systeme erhalten und damit gezeigt werden, daß der von Kabanov als Voraussetzung für die Bildung löslicher Symplexe postulierte Unterschied in den relativen Molmassen der Komponenten zumindest nicht in jedem Falle erforderlich ist. Die Grenzviskositätszahl $[\eta]$ zeigte nach Zusammengeben der Komponenten nicht die bei Bildung kompakter Teilchen zu erwartende Abnahme, sondern blieb weitgehend konstant. Im Sedimentogramm (Ultrazentrifuge mit 20 000 U/min) wurde eine bimodale Verteilung beobachtet, wobei eine Komponente, offenbar der Symplex, langsam sedimentierte, während die andere — u. E. das überschüssige kationische Polymer — bei der hier angewandten Beschleunigung nicht wanderte. Streulichtmessungen ergaben eine mittlere relative Molmasse von $M = 8 \cdot 10^6$; für ein „Symplexmolekül“ wurde unter Berücksichtigung der gebundenen niedermolekularen Gegenionen ein Wert von $6 \ldots 7 \cdot 10^6$errechnet. Diese Ergebnisse sprechen dafür, daß bei geeigneter Präparatherstellung „Symplex-Einzelmoleküle“ längere Zeit beständig sein können.

Bei weiteren Meßreihen mit verschiedenen PEL-Kombinationen gelang es allerdings bisher nicht, diese Ergebnisse in vollem Umfange zu reproduzieren; die niedrigsten Werte für das oben genannte System lagen bei $M = 10 \cdot 10^6$. Offenbar spielen noch nicht voll beherrschte Einflußgrößen der Präparation hier eine entscheidende Rolle. Wie aus Tab. 7 hervorgeht, ist bei konstant gehaltenem Polykation die relative Molmasse der gelösten Symplexpartikeln und damit auch die mittlere Anzahl der in einer Partikel aggregierten Polymerketten für die verschiedenen Polyanionen recht unterschiedlich, sie liegt am höchsten für das in konzentrierteren Systemen sehr „hart“ fällende Cellulosesulfat.

Die über Streulichtmessungen ermittelte Knäueldichte ϱ_K unterscheidet sich für die hier untersuchten Systeme bis zu zwei Größenordnungen. Bei PEL-Paaren annähernd gleicher Ladungsdichte werden hohe, bei solchen stark unterschiedlicher Ladungsdichte dagegen recht niedrige Werte für ϱ_K gefunden, was auf die Bildung relativ kompakter Partikeln im erstgenannten Fall hinweist.

Wie aus Abb. 9 hervorgeht, wird im Falle von Komponenten vergleichbarer Ladungsdichte die Viskosität des Systems durch die relativ kompakten Symplexpartikeln kaum beeinflußt; $\eta_{spez.}$ hängt vielmehr ausschließlich von der Konzentration des überschüssigen kationischen Polymers ab. Bei Komplexen stark unterschiedlicher Ladungsdichte zeigt sich hingegen eine sehr deutliche Viskositätserhöhung durch die eine lockere Knäuelstruktur aufweisenden Symplexpartikeln.

Wie Abb. 10 veranschaulicht, treten bei den Systemen aus Komponenten sehr unterschiedlicher Ladungsdichte ausgeprägte, nur langsam abklingende Fluktuatio-

Tabelle 7 Ausgewählte Eigenschaften einiger Arten von Symplexpartikeln in verdünnten Systemen

Polykation	Polyanion	$c_{Symplex}$ 10^{-4} g/cm³	$M \cdot 10^{-6}$ Partikel	Makromoleküle pro Partikel	Knäueldichte 10^{-4} g/cm³
K 0	A 0	2,72	264	1 000	287
K 0	A 0	1,86	54	200	91
K 0	A 10	0,84	50	50	3,7
K 0	CS	0,82	222	550	510
K 12	A 0	4,46	13	4	3,5
K 12	A 10	4,22	54	15	14,9
K 12	CS	0,95	1 150	500	141
P-DMDAAC	A 0	0,69	145	1 860	421
P-DMDAAC	A 10	2,12	19	8	2,0
P-DMDAAC	CS	0,35	418	2 000	165

K 0 Kationisch modifiziertes Acrylamid hoher Ladungsdichte
K 12 Kationisch modifiziertes Acrylamid geringer Ladungsdichte
A 0 Anionisch modifiziertes Acrylamid hoher Ladungsdichte
A 10 Anionisch modifiziertes Acrylamid geringer Ladungsdichte
CS Cellulosesulfat

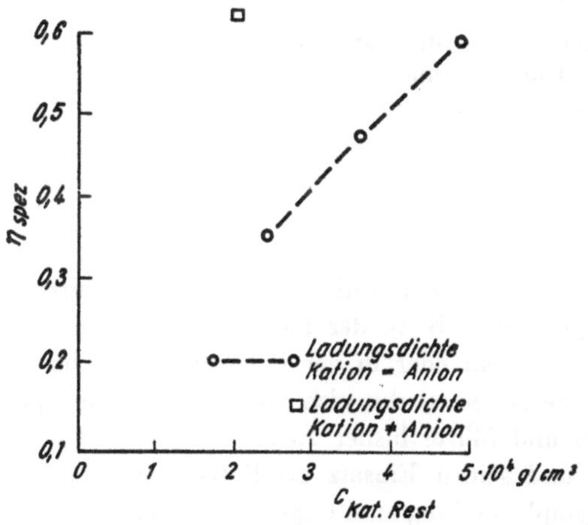

Abb. 9 Spezifische Viskosität wäßriger Symplexlösungen mit unterschiedlicher Konzentration an freiem kationischen Polymer
○ Komponenten mit gleicher Ladungsdichte
□ Komponenten mit ungleicher Ladungsdichte

nen der Streulichtintensität auf, wobei diese sich im Sekundenbereich abspielenden Schwankungen Amplituden von etwa $\pm 50\%$ des Intensitäts-Mittelwertes haben. Bei Einsatz von Komponenten gleicher Ladungsdichte wurde dagegen eine zeitlich konstante Streulichtintensität festgestellt. Eine schlüssige Interpretation dieser Fluktuationen wie auch der an manchen Systemen beobachteten zeitlichen Änderungen von $\eta_{spez.}$ ist beim jetzigen Stand unserer Arbeiten noch nicht möglich.

Für unsere weiteren Überlegungen gehen wir von der Vorstellung aus, daß in solchen Systemen löslicher Symplexe 2 Vorgänge ablaufen, nämlich eine reversible Bildung von „Symplexmolekülen", die vielleicht durch eine Art „Löslichkeitsprodukt" charakterisiert werden kann, und eine präparations- und zeitabhängige Aggregation zu größeren Partikeln, für deren quantitative Beschreibung bisher noch keine Ansatzpunkte vorliegen.

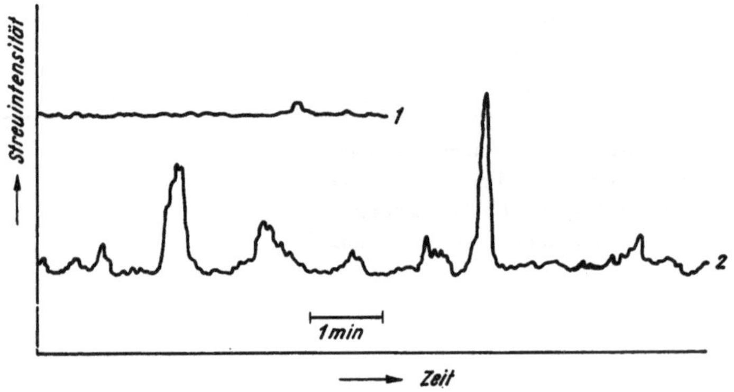

Abb. 10 Zeitliche Änderung der Streulichtintensität von Symplex-Lösungen
1 — System aus Komponenten gleicher Ladungsdichte
2 — System aus Komponenten ungleicher Ladungsdichte

5. *Anwendungsmöglichkeiten für Symplexe*

Das Prinzip der Symplexbildung wird — z. T. unbewußt und auf empirischer Basis — seit vielen Jahrzehnten genutzt, z. B. in der Papierindustrie beim Einsatz von Flockungs- und Retentionsmitteln oder in der Labordiagnostik bei der Fällung von Eiweiß-Substanzen. Eine systematische, sich rasch ausweitende Applikationsforschung begann um 1960 und führte bisher zu etwa 300 Patenten, die entweder den Symplex als Stoff und seinen Einsatz als Polymermaterial oder eine Nutzung des Vorganges der Symplexbildung zum Gegenstand haben. Tabelle 8 faßt eine Reihe häufig genannter Anwendungsrichtungen zusammen.

Aus den eigenen Arbeitsergebnissen sei als Beispiel für die Verwendung von Symplexen als polymere Spezialwerkstoffe die Gewinnung von 3-Komponenten-Symplexmembranen variabler Permeabilität und Selektivität genannt [14], wobei

Tabelle 8 Einige Applikationsrichtungen für Symplexe

Symplexe als Stoff	Symplexbildung als Vorgang
Membranen für Trennzwecke (Ultrafiltration, Dialyse)	Trenn- und Fraktionierungsprozesse, vor allem für Proteine
Diaphragmen	Wasserreinigung
Mikrokapseln	Papierherstellung
„antistatische" Überzüge unterschiedlicher Leitfähigkeit	medizinische Anwendungen (z. B. Beeinflussung des Heparinspiegels)
Bodenverbesserungsmittel	Laboranalytik
Depotpharmaka	

Tabelle 9 Dreikomponenten-Symplexmembranen (kationische Komponente: Poly-DMDAAC, anionische Komponente: Cellulosesulfat (CS) und Carboxymethylcellulose (CMC))

Verhältnis CMC/CS	Wasserdurchlässigkeit Meßdruck 0,1 MPa $l \cdot h^{-1} \cdot m^{-2}$	Filtratstromdichte Meßdruck 0,3 MPa $l \cdot h^{-1} \cdot m^{-2}$	Selektivität gegen Dextran T 500 %
∞[1])	800	–	
2,0	65	107	0
1,0	19	31	7
0,5	–	18	79
0,2	8	8	89
0[2])	2,9	–	–

[1]) nur CMC
[2]) nur CS

als Ausgangsmaterialien die beiden anionischen Polymere Carboxymethylcellulose und Cellulosesulfat in unterschiedlichen Anteilen, als kationische Komponente Poly-DMDAAC oder PEI dienten (Tab. 9). Die Symplexbildung als Vorgang läßt sich nach unseren Erfahrungen in Form einer rasch durchführbaren Flockungstitration vorteilhaft zur Bestimmung des Substitutionsgrades verschiedener anionischer Cellulosederivate nutzen, indem man z. B. eine CMC-Lösung mit einer Poly-DMDAAC-Lösung bis zu der im Äquivalenzpunkt auftretenden plötzlichen Flokkung titriert. Das von uns in [15] beschriebene Verfahren wird z. Z. für eine Anwendung in der Betriebskontrolle geprüft.

Zu den in Tab. 8 aufgeführten Einsatzrichtungen sei ergänzend folgendes bemerkt: Auch in der Applikationsforschung wendet sich das Interesse verstärkt den Symplexen mit mindestens einer Komponente auf Basis natürlicher Hochpolymere zu, wobei Einsatzvorschläge in Medizin und Biochemie dominieren. Dabei ist allerdings einschränkend zu berücksichtigen, daß es sich vor allem bei den in Patentschriften niedergelegten Gedanken meist nicht um klinisch ausgereifte Lösungswege, sondern eher um Anregungen zur weiteren Forschung handelt. Ein Einsatz von Symplexen als Polymermaterial erscheint vor allem dort aussichtsreich, wo die Hydrophilie dieser Produkte ohne zu hohe Ansprüche an Festigkeit und Thermostabilität genutzt werden kann. Für lösliche Symplexe zeichnen sich erste Applikationsvorschläge zum Einsatz als lösliche Trägermaterialien, z. B. für Enzyme, ab [16]. Interessant könnte für die Zukunft auch die schon mehrfach beschriebene Möglichkeit sein, über eine Symplexbildung Konformationsänderungen bei gelösten Polymeren, z. B. coil-helix-Umlagerungen, zu erzwingen bzw. eine bestimmte Konformation zu stabilisieren.

6. *Schlußbemerkungen*

In diesem Beitrag konnten nur einige ausgewählte Aspekte des heute schon sehr weit verzweigten und vielfältigen Gebietes der Polyelektrolytkomplexe betrachtet werden, wobei es das Anliegen der Autoren war, neben einer Information über einige eigene Ergebnisse und den heute erreichten internationalen Erkenntnisstand vor allem Hinweise auf offene Probleme zu geben. Zusammenfassend kann man als solche aktuelle Fragen künftiger PEL-Komplex-Forschungen neben der ständigen Suche nach neuen Einsatzgebieten vor allem die Gewinnung quantitativer Zusammenhänge zwischen Komponentenstruktur und Bindungsverhältnissen im Symplex, das noch weitgehend offene Problem der Selektivität der Symplexbildung bei Gegenwart mehrerer kationischer bzw. anionischer Polymere und schließlich die Möglichkeiten und Grenzen der Bildung löslicher Symplexe ansehen.

An der Erarbeitung der in diesem Beitrag zusammengefaßten Experimentalergebnisse waren die Herren Dr. habil. W. *Dawydoff* und Dr. L. T. *Hong*, Institut für Polymerenchemie der AdW der DDR, wesentlich beteiligt, denen hier für ihre Mitwirkung herzlich gedankt sei. Unser Dank gilt auch den Herren Prof. Dr. *Manfred Rätzsch*, Prof. Dr. *Wolfgang Wieker* und Dr. K. *Arnold* (VEB Fettchemie Karl-Marx-Stadt), die als Kooperationspartner bei der Bearbeitung der Thematik Polymerproben zur Verfügung stellten.

Literatur

[1] A. Kossel, J. Physiolog. Chem. **22** (1896), S. 56.
[2] A. S. Michaels, Ind. Engng. Chem. **57** (1965) 10, S. 32.
[3] A. S. Michaels u. a., in: Kirk-Othmer Encycl. **16** (1968) S. 117.
M. J. Lysaght in: Ionic Polymers (1975) S. 281; Ed. Holliday, Lesle, Wiley.
[4] B. Philipp, L. T. Hong, W. Dawydoff, K.-J. Linow, K. Arnold, M. Rätzsch, Acta Polymerica **31** (1980) S. 592.
[5] B. Philipp, L. T. Hong, K.-J. Linow, M. G. Cowie, Europ. Polymer Journ. **17** (1981) S. 615.

[6] E. Tsuchida, Y. Osada, K. Abe, Makromol. Chem., **175** (1974) S. 593.
[7] Privatmitteilung von Prof. Dr. M. Rätzsch.
[8] B. Philipp, L. T. Hong, K.-J. Linow, W. Dawydoff, K. Arnold, Acta Polymerica **31** (1980) S. 654.
[9] Th. Höpner, G. Jayme, J. C. Ulrich, Das Papier **9** (1955) S. 476.
[10] V. A. Kabanov u. a., Polymer Preprints **15** (1974) 726; „Polym. Amines und Amonium Salts" (1980) S. 173, Pergamon Press.
[11] V. V. Lugenko, A. B. Zezin, R. I. Kaijuznaja, Vysokomol. Soed. A **16** (1974) S. 11.
[12] H. Dautzenberg, K.-J. Linow, B. Philipp, Acta Polymerica **32** (1981) 4, S. 225.
[13] O. A. Charanko, A. V. Charenko, R. I. Kaijuznaja, V. A. Izumrudov, V. A. Kusaikin, A. B. Zezin, V. A. Kabanov, Vysokomol. Soed., A **21** (1979) 12, S. 2719.
[14] V. Gröbe, L. T. Hong, B. Philip, H. H. Schwarz, Acta Polymerica **32** (1981), S. 488.
[15] L. T. Hong, B. Borrmeister, H. Dautzenberg, B. Philipp, Zellstoff und Papier **28** (1979) S. 207.
[16] Nordisk Insulinlaboratorium, Dänemark, BR-PS 1524431; 14. 1. 76/2. 8. 78

Manfred Rätzsch

Eine neue Möglichkeit zur Bestimmung des Mechanismus der radikalischen Copolymerisation von Maleinsäureanhydrid (MSA)

Eine Besonderheit in dem recht übersichtlichen Bild der radikalischen Copolymerisation von ungesättigten Verbindungen stellen die seit 10—15 Jahren in den Mittelpunkt der Aufmerksamkeit der Experten auf diesem Gebiet gerückten Polymeraufbaureaktionen unter den Bedingungen der Charge-Transfer—(EDA)-Komplexbildung der Monomeren dar. Monomere mit unterschiedlichen Elektronegativitäten bilden in Mischungen Charge-Transfer-Komplexe (Abb. 1 am Beispiel von Styren mit MSA), wodurch ab bestimmten Komplexstärken und damit Komplexkonzentrationen erhebliche Abweichungen von dem bekannten Reaktivitätsverhalten der Monomeren gefunden werden. Da die meisten Lösungsmittel selbst e-Donatoren sind, werden die experimentellen Ergebnisse noch wesentlich vom Lösungsmittel beeinflußt. Im vorliegenden Beitrag wird der Lösungsmitteleinfluß unberücksichtigt gelassen, da dieser die Aussagen nur kompliziert, aber nicht grundsätzlich verändert.

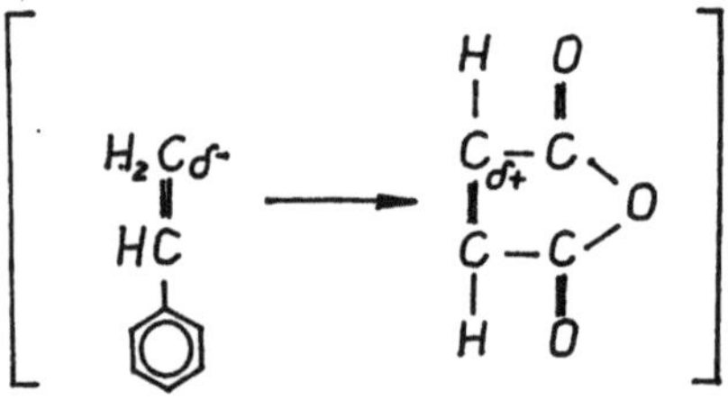

Abb. 1

Als Donatormonomere wurden im wesentlichen Olefine und Diolefine, als Akzeptoren u. a. Akrylsäure- bzw. Methakrylsäurederivate wie Nitrile und Ester, komplexiert mit Metallhalogeniden oder Organohalogeniden, sowie Maleinsäureanhydrid (Abb. 2) untersucht.

Das Problem besteht darin, zu klären, inwieweit diese EDA-Komplexe den Copolymerisationsmechanismus beeinflussen, wobei von folgenden Eigenschaften der Komplexe und Besonderheiten der Copolymerisation ausgegangen wird:

1. Die Komplexkonzentration wurde mittels UV- oder hNMR-Spektroskopie

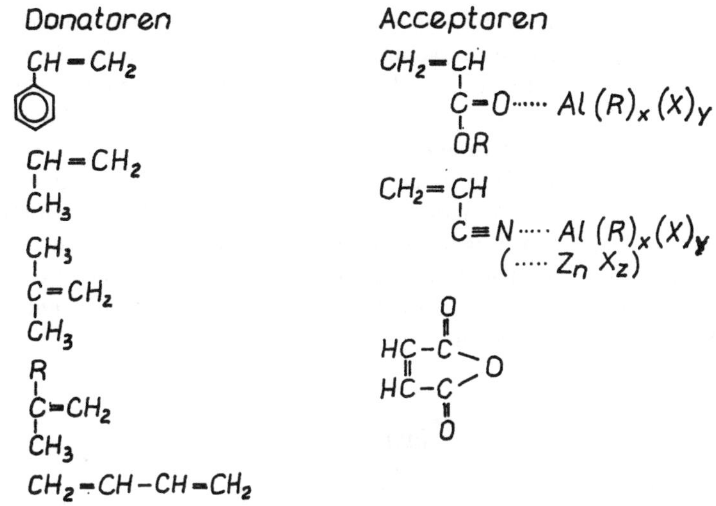

Abb. 2

für alle Monomerpaare zwischen 20 und 100% in Abhängigkeit vom Monomerpaar und der Monomerkonzentration ermittelt.

In Abbildung 3 ist als Beispiel die Komplexkonzentration von Styren und Maleinsäureanhydrid in Acetonitril als Lösungsmittel in Abhängigkeit vom Monomerverhältnis bei verschiedenen Monomerkonzentrationen dargestellt, und es werden wie erwartet symmetrische Kurvenläufe festgestellt.

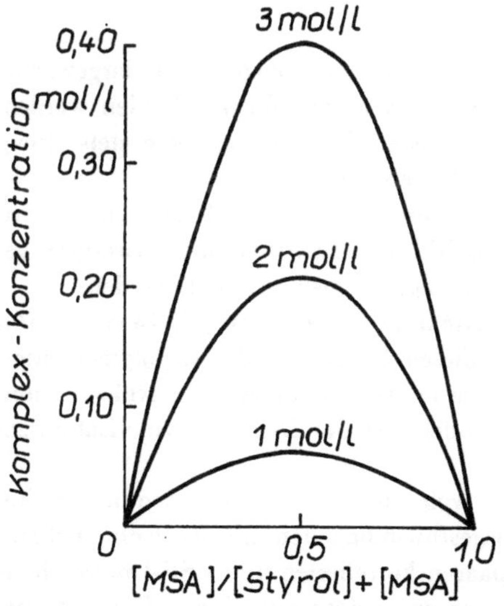

Abb. 3

2. Die gebildeten Charge-Transfer-Komplexe zeigen eine leichte fotochemische Anregung, da die Absorptionsbanden gegenüber denen der Monomeren ins längerwellige UV bzw. den sichtbaren Bereich verschoben werden. Der Monomerkomplex als Startzentrum für die fotochemische Copolymerisation konnte von uns in Zusammenarbeit mit Roth und Mitarbeitern am Beispiel der Copolymerisation von Styren und Maleinsäureanhydrid (MSA) aufgeklärt werden. Abbildung 4 zeigt diesen Mechanismus, wobei das als Primärprodukt entstehende Styrenkation mittels Blitzlichtphotolyse und das Maleinsäureanhydridanion sowie die Folgeradikale bei Anwesenheit des Lösungsmittels Tetrahydrofuran, wie in Abb. 5 dargestellt, mittels ESR-Spektroskopie nachgewiesen werden konnten. Die Radikale konnten als Startradikale für die Polymerisation wahrscheinlich gemacht werden.

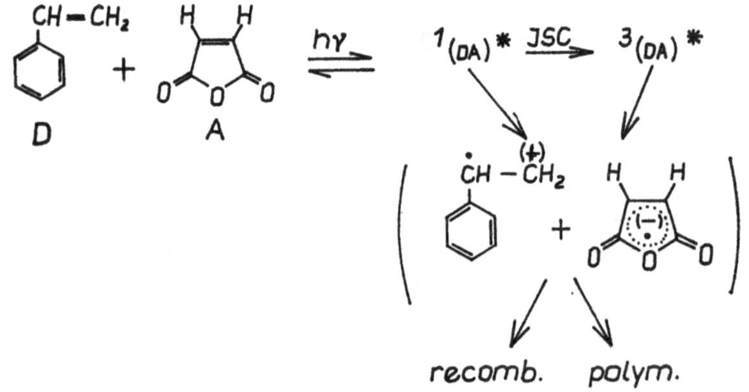

Abb. 4

3. Die hohen Polymerisationsgeschwindigkeiten und hohen Molekulargewichte, die selbst bei der radikalischen Copolymerisation mit Olefinen gefunden werden.

4. Es werden bei äquimolaren Molverhältnissen der Comonomeren stets streng alternierende Zusammensetzungen der Copolymeren erhalten.

5. Die Bevorzugung einer Isomerieform konnte am Beispiel der Copolymerisation von Butadien mit Maleinsäureanhydrid von Iwatsuki und Jamashita gezeigt werden, wobei vorwiegend cis-1,4-Konfigurationen gebildet werden.

Bekannte Autoren, wie Gaylord [1], Hirai [2], Furukawa [3], Iwatsuku [4], Inoue, Otsu [5] und andere, haben aus diesen Resultaten der Copolymerisation auf eine Anlagerung der Monomerkomplexe im Wachstumsschritt geschlossen und diese Hypothese dem mathematischen Modell für die Gesamtpolymerisationsgeschwindigkeit zugrunde gelegt.

Wir folgten anfangs dieser Konzeption, wobei wir als weitere wesentliche Kriterien akzeptieren, daß die Polymerisationsgeschwindigkeiten mit den Komplexkonzentrationen einer Reihe von Monomerpaaren korrelierten und ESR-Untersuchungen diese These unterstützten. Je tiefer wir uns jedoch mit diesem Problem vertraut machten, um so mehr Widersprüche wurden deutlich.

Der erste Widerspruch besteht in der Asymmetrie der Kurven, die als Abhängigkeit der Bruttopolymerisationsgeschwindigkeit (V_{Br}) von dem Monomerverhältnis bei gleichbleibender Gesamtkonzentration auftreten.

Diese in Abb. 6 dargestellten Asymmetrien der V_{Br}-Kurven sind nicht mehr vereinbar mit einer ausschließlichen Anlagerung des Monomerkomplexes und führten zur Konzeption eines Dualmechanismus. Tsuchida und Mitarbeiter [6] haben aus einer Vielzahl experimenteller Ergebnisse die Nichthaltbarkeit des Mechanismus der ausschließlichen Komplexanlagerung erkannt und daraus ein mathematisches Modell abgeleitet, welches die Anlagerung sowohl des Monomerkomplexes als auch der getrennten Monomeren zugrunde legt. Mittels dieses Dualmechanismusses war es möglich, die experimentellen Ergebnisse mit dem mathematischen Modell in Übereinstimmung zu bringen.

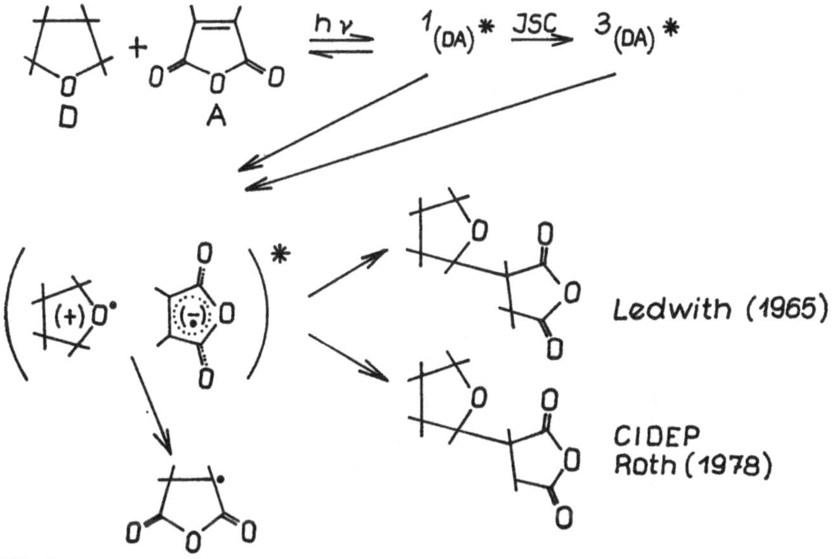

Abb. 5

Weiterhin sprachen die Ergebnisse der Modellvorstellungen über die Struktur des Charge-Transfer-Komplexes gegen eine Vororientierung als Vorstufe des Polymerwachstums. In Abb. 7 ist als Beispiel der Komplex zwischen Vinylacetat und Maleinsäureanhydrid als die stabilste Konformation dargestellt, wie sie Chesquiere, Arnaud und Caze [7] auf Basis quantenmechanischer Berechnung ermittelt haben.

Außerdem zeigten energetische Betrachtungen, daß bei einer Komplexbildungsenthalpie von 5—10 kJ/Mol und einer Polymerisationsenthalpie von 30—60 kJ/Mol bei der Anlagerung von nur einem der beiden Monomeren, daß die Komplexanlagerung zu einer so großen Schwingungsenergie am Kettenende führt, daß das

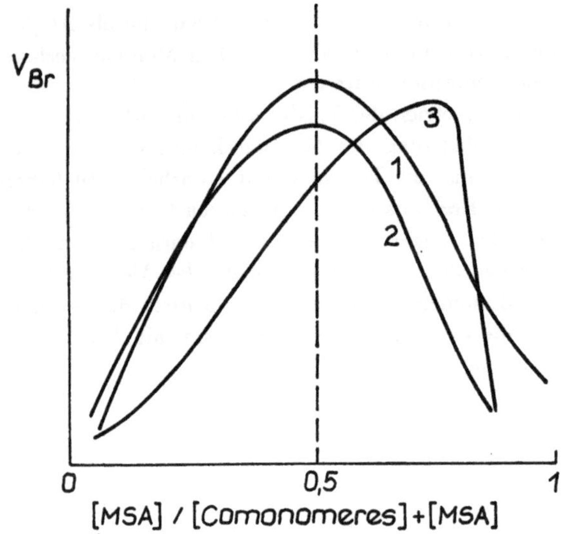

Abb. 6

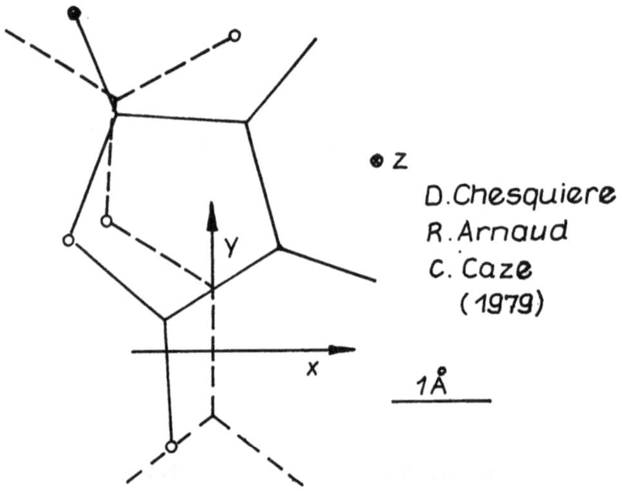

Abb. 7

zweite komplex gebundene Comonomer abgespalten wird und eine gleichzeitige Anlagerung dieser Comonomeren unwahrscheinlich ist.

Wir haben darauf die Konzeption der Komplexanlagerung verlassen und versucht, alle Besonderheiten über den Mechanismus der getrennten Anlagerung der Monomeren zu erklären.

Dem Polymerchemiker bleibt als Entscheidungskriterium für die Richtigkeit dieses Konzeptes nur der klassische Weg der Bestimmung der Elementargeschwindigkeitskonstanten. Dieser Aufgabe hat sich am Monomerpaar Styren/MSA in unserer Arbeitsgruppe Herr Dr. Arnhold gewidmet und konnte zeigen, daß diese Anlagerungsgeschwindigkeit des MSA an das Styrenradikal groß ($k_{21} = 1{,}09 \cdot 10^4\,l\,mol^{-1}sec^{-1}$; bei $k_{12} = 4{,}08 \cdot 10^3\,l\,mol^{-1}\,sec^{-1}$) ist, was die experimentell gefundenen V_{Br}-Werte befriedigend erklärt.

Von der Richtigkeit dieses Weges wurden wir noch durch die Bestätigung der Modellvorstellungen an anderen Comonomeren des MSA bestärkt und von analogen Ergebnissen, die Bamford [8] an dem Monomerpaar Styren mit Methylacrylat, das mit $Al_2Et_3Cl_3$ komplexiert war, erhalten hat.

Trotz dieser positiven Gesamttendenz fehlte der Beweis und es bleibt die Frage unbeantwortet, ob die komplex gebundenen Monomeren die gleiche Reaktivität

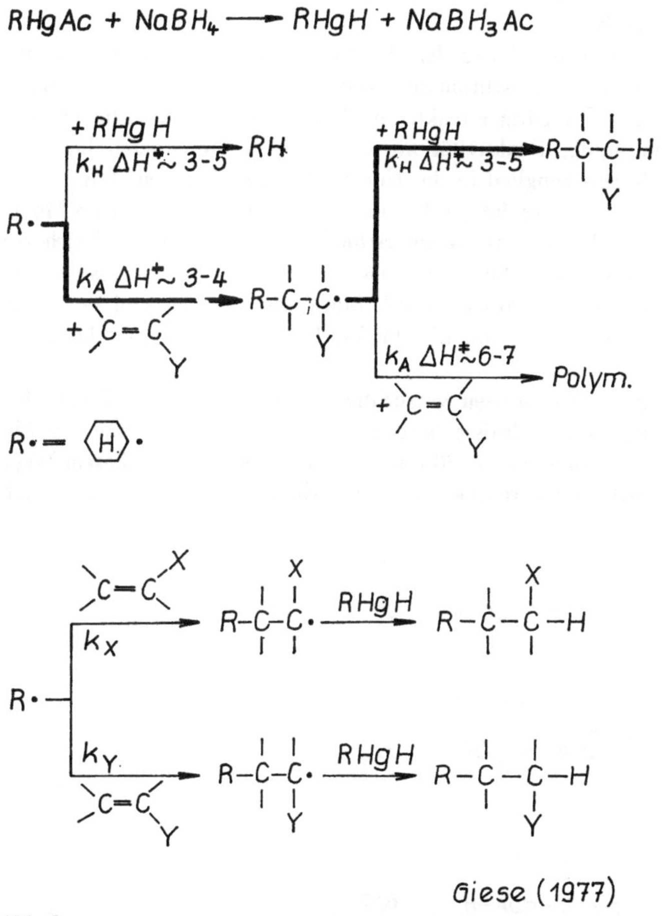

Abb. 8

wie die freien Monomeren besitzen und wie die Beeinflussung der Mikrostruktur erklärbar ist.

In dieser Situation wurden wir auf eine neue Methode von Giese [9] aufmerksam, mit der aus Quecksilberalkylen in Gegenwart reduzierender Medien definierte Radikale in hoher Konzentration hergestellt werden können, die in Gegenwart von Monomeren deren Startradikale bilden und durch das Reduktionsmittel in die hydrierten Startspezies überführt werden (Abb. 8).

Diese Reaktion kann so gelenkt werden, daß ein Wachstum der Polymerkette verhindert wird. Die Startspezies werden danach mittels Gaschromatographie identifiziert. Werden nun 2 Monomere zugegeben, so erhält man im Gaschromatogramm ein Konzentrationsverhältnis der beiden hydrierten Startspezies, das den Reaktivitäten der Monomeren gegenüber dem Primärradikal entspricht. Auf diesem Weg ist die Bestimmung der relativen Reaktivität von Monomerpaaren ohne Copolymerisation möglich.

Unterscheiden sich die Reaktivitäten der Monomeren so stark voneinander, daß das Auflösungsvermögen des Gaschromatogramms nicht ausreicht, die Konzentration der Startspezies des niedriger reaktiven Monomeren noch quantifizierbarer anzuzeigen, wird ein in der Reaktivität zwischen beiden Monomeren liegendes drittes Monomeres als Brückenglied in die Untersuchung einbezogen. Das ist mit dem Monomeren Methylmethacrylat (MMA) in Abb. 9 dargestellt, da beim Monomerenpaar Styren/MSA die Reaktivitätsunterschiede so groß waren, daß sich zur exakten Bestimmung des Reaktivitätsverhältnisses ein Brückenmonomeres notwendig machte. Als Brückenmonomeres zeigt sich MMA gut geeignet und es konnte ein Verhältnis der Reaktivitäten von 850 (MSA):9 (MMA):1(Styren) bestimmt werden.

Ausgehend von diesen Ergebnissen versuchten wir nochmals eine direkte Bestimmung der Reaktivitätsverhältnisse Styren : MSA und wählten dazu ein Mischungsverhältnis der Monomeren von 80 (Styren) : 1 (MSA), um auf diesem Wege noch auswertbare Gaschromatogramme für beide Monomerstartspezies zu erhal-

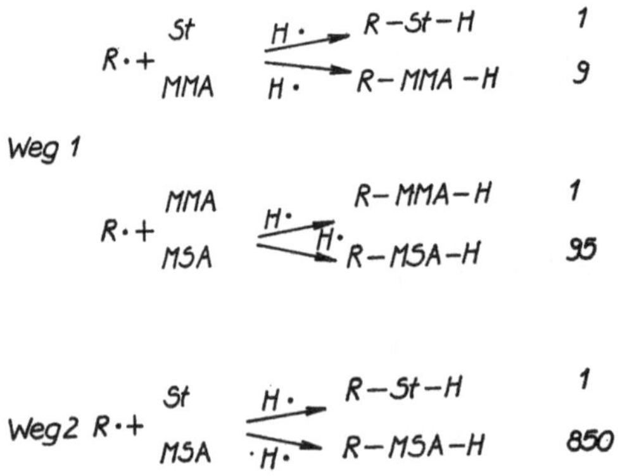

Abb. 9

ten. Das Ergebnis zeigte ein Verhältnis der Reaktivitäten von ca. 850 : 1. Damit war die Brauchbarkeit der Methode des Einsatzes von Brückenmonomeren bewiesen.

Aber die Beweiskraft dieses Experimentes war noch größer, denn wir hatten durch die Retentionszeiten der Gaschromatogramme den Nachweis, daß nur eine getrennte Anlagerung der Monomeren auftritt. Aber damit nicht genug. Es ist bekannt, daß zwischen MSA und MMA und zwischen MMA und Styren nur geringe Charge-Transfer-Wechselwirkungen auftreten, so daß die Reaktivitätsverhältnisse als unabhängig von diesen angenommen werden können. Weiterhin wissen wir, daß bei einem Monomerverhältnis Styren : MSA von 80 : 1 das MSA zum großen Teil komplexgebunden vorliegt. Unterscheiden sich nun die auf beiden Wegen erhaltenen Reaktivitätsverhältnisse nicht voneinander, wie das bei unserem Experiment der Fall ist, so ist das ein Beweis dafür, daß das komplex gebundene MSA gegenüber Startradikalen analog dem freien MSA reagiert.

		Comonomer						
Copolymer	BD(homo)	St	AN	DMM	DEF	FN	SO_2	MAnh
cis — 1,4%	16,4	20,1	18,9	21,3	27,1	13,4	45,2	73,7
trans — 1,4%	61,7	64,9	70,7	60,9	62,8	77,1	54,8	12,6
trans — 1,2%	21,9	15,0	10,3	17,8	10,1	9,5	0	13,7

Abb. 10

Dieses Ergebnis zeigt, daß die Charge-Transfer-Komplexbildung innerhalb der Fehlergrenze der Methode keinen Einfluß auf die Monomerreaktionen ausübt.

Iwatsuki und Yamashita [10] haben den überraschend hohen cis-1,4-Gehalt des Polymeren bei der Copolymerisation von Butadien mit MSA gegenüber einem cis-1,4-Gehalt von 20% bei Styren, Acrylnitril u. a. (Abb. 10) auf die Vororientierung des Monomerkomplexes ähnlich der Diels-Alder-Reaktion des Butadien [11] zurückgeführt, die beim Polymeraufbau erhalten bleiben soll. Diese Erklärung kann nach den oben angeführten Ergebnissen nicht mehr aufrecht erhalten werden. Im Gegensatz zu anderen Autoren [12] haben wir [13] die Herabsetzung der V_{Br} mit der Donizität des Lösungsmittels über eine Komplexbildung am Radikalkettenende erklärt. Das ist auch logisch und verständlich. Nimmt man nämlich an, daß auch dem Schritt der Monomerenanlagerung eine Komplexbildung vorgelagert ist — eine Annahme, die sich aus der Theorie des Übergangszustandes zwangsläufig ergibt —, die um so größer ist, je höher die Differenz in den Elektronegativitäten des Radikalkettenendes und des Comonomeren ist, so läßt sich die Bevorzugung der cis-1,4-Struktur zwanglos erklären. Auch für den Fall der Charge-Transfer-Wechselwirkung mit dem Radikal am Kettenende gilt, wie Abb. 11 verdeutlicht, daß die cis-Überlappung am stärksten aller möglichen Wechselwirkungen in Erscheinung tritt.

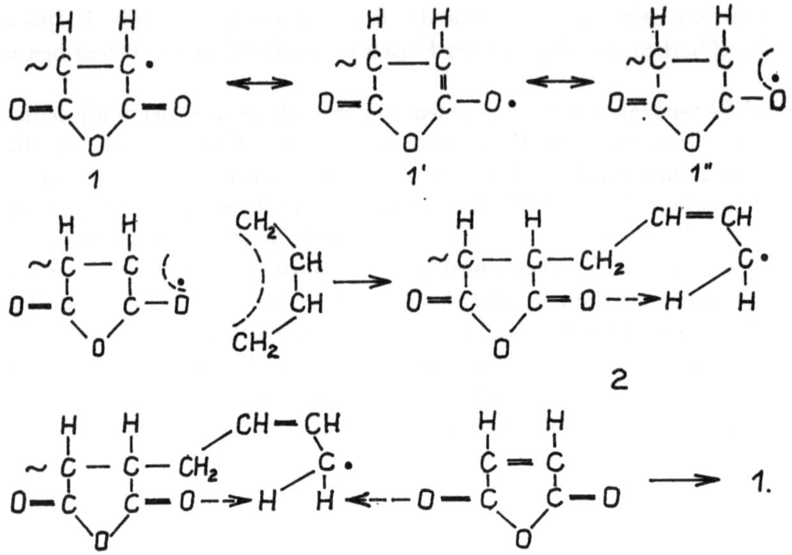

Abb. 11

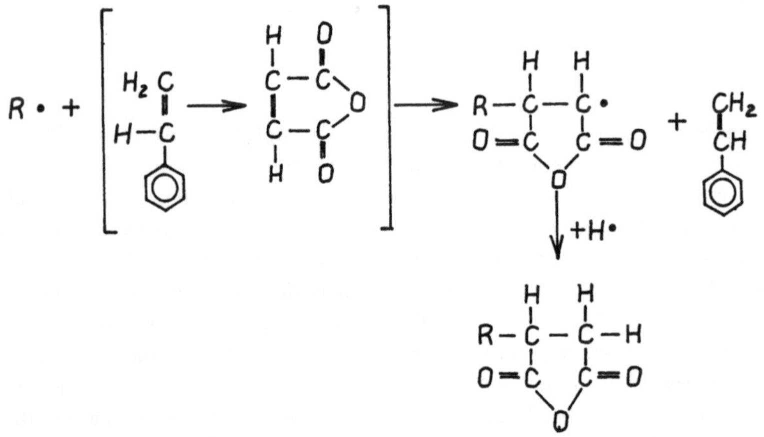

Abb. 12

Damit haben wir bei Monomerpaaren, die einen Charge-Transfer-Komplex miteinander bilden, den interessanten Fall, daß die erfaßbare und quantifizierbare Konzentration an Monomerkomplexen, außer bei der Fotopolymerisation, keinen Einfluß auf das spezifische Verhalten dieser Monomerpaare ausübt, sondern nur über das meßtechnisch nicht erfaßbare Verhalten am Radikalkettenende erklärt werden kann.

Die Charge-Transfer-Wechselwirkung ist offensichtlich zu schwach, um zu bewirken, daß das Monomerpaar geschlossen in die Kette eingebaut wird, obwohl die π—π-Wechselwirkung zu dieser Annahme berechtigt. Auch bei direkter Anlagerung des Komplexes, wie wir das am Beispiel des Styren-MSA-Komplexes zeigen konnten, wird das Styren während der Anlagerung so weit vom MSA getrennt, daß die Hydrierung des Startradikals, wie Abb. 12 zeigt, erfolgen kann, noch bevor ein Styrenmolekül angelagert wird.

Literatur

[1] N. G. Gaylord et. al., J. Polym. Sci **C-13** (1970) 247—251, J. Polym. Sci, Polym. Chem. Ed. **13** (1975) 467—471.

[2] M. Hirai, J. Polymer Sci, Makromol. Rev. **11** (1967) 47—50.

[3] J. Furukawa, J. Macromol. Sci **A-9** (1975) 867—871.

[4] S. Iwatsuki, Y. Yamashita, Macromol. Chem. **104** (1967) 263—267.

[5] M. Inoue, T. Otsu, Macromol. Chem. **148** (1971) 251—255.

[6] E. Tsuchida, T. Tomono, H. Sano, Macromol. Chem. **151** (1972) 245—251.

[7] D. Chesquiere, R. Arnaud, C. Caze, J. Phys. Chem. 83, **15** (1979) 2029—2034.

[8] C. H. Bamford, Planar lecture 7. Conference on Macromolekular Chem, Leipzig GDR (31. 3.—2. 4. 1981).

[9] B. Giese, J. Meixner Chem. Ber. **110** (1977) 2588—2600.

[10] Y. Yamashita, S. Iwatsuki, T. Kokubo, J. Polym. Sci **C-23** (1968) 753—757.

[11] R. B. Woodward, J. J. Katz, Tetrahedron **5** (1959) 70—74.

[12] F. Tüdös, T. Kelen, T. Földes Bereshnikh, J. Polymer Sci, Polym. Symp. **50** (1975) 109—132.

[13] M. Rätzsch, M. Arnold, Acta Polymerica 32. 6. (1981) 300—307.

Bei Fragen zur Produktsicherheit wenden Sie sich bitte an:
If you have any questions regarding product safety,
please contact:

Walter de Gruyter GmbH
Genthiner Straße 13
10785 Berlin
productsafety@degruyterbrill.com